BEI GRIN MACHT SICH IHR
WISSEN BEZAHLT

- Wir veröffentlichen Ihre Hausarbeit,
  Bachelor- und Masterarbeit

- Ihr eigenes eBook und Buch -
  weltweit in allen wichtigen Shops

- Verdienen Sie an jedem Verkauf

Jetzt bei www.GRIN.com hochladen und kostenlos publizieren

Bibliografische Information der Deutschen Nationalbibliothek:

Die Deutsche Bibliothek verzeichnet diese Publikation in der Deutschen National-bibliografie; detaillierte bibliografische Daten sind im Internet über http://dnb.d-nb.de/ abrufbar.

Impressum:

Copyright © 2020 GRIN Verlag
Druck und Bindung: Books on Demand GmbH, Norderstedt Germany
ISBN: 9783346175267

Dieses Buch bei GRIN:

https://www.grin.com/document/542779

Mirjam Haug

Statistische Analyse der Preisgestaltung für private Computer (PCs)

GRIN Verlag

GRIN - Your knowledge has value

Der GRIN Verlag publiziert seit 1998 wissenschaftliche Arbeiten von Studenten, Hochschullehrern und anderen Akademikern als eBook und gedrucktes Buch. Die Verlagswebsite www.grin.com ist die ideale Plattform zur Veröffentlichung von Hausarbeiten, Abschlussarbeiten, wissenschaftlichen Aufsätzen, Dissertationen und Fachbüchern.

Seminararbeit im Modul

„Wiss. Methoden - quantitative Datenanalyse"

über das Thema

Prices of Personal Computers

Berufsbegleitender Studiengang

Business Administration (B.A.)

Standort Stuttgart

-Februar 2020-

Autorin: **Mirjam Haug**

Semester: **7**

Abgabedatum: **27.02.2020**

Wörter: **2820 (ohne Verzeichnisse und Anhang)**

Inhaltsverzeichnis

Abbildungsverzeichnis

Tabellenverzeichnis

1. Einführung

Die vorliegende Seminararbeit analysiert einen Datensatz, der die Preise für private Computer beinhaltet. Betrachtet man die technische Entwicklung, so finden sich, gerade in der Welt der Computer, fundamentale Fortschritte in den vergangenen 20 Jahren.[1] Vergleicht man die ersten PCs mit den heutigen Smartphones, so lässt sich nicht nur ein optischer Unterschied erkennen. Deren Leistungsfähigkeit ist größer, als die des Computers, der die Mondlandung im Jahr 1969 unterstützt hat.[2]

Neben der Leistung der privaten Computer, hat sich auch deren Preisgestaltung wesentlich verändert. Nicht zwangsläufig in Bezug auf die generellen Anschaffungskosten, vor allem jedoch hinsichtlich des Preis-Leistungs-Verhältnisses.

Auch in verschiedenen Ausblicken der technologischen Entwicklung, ist hier noch lange kein Ende in Sicht. Die PCs sollen dem Menschen als Hilfestellung dienen und ihnen den Alltag erleichtern. Vor allem ist also der private Haushalt als Konsument eine Zielgruppe der technologischen Weiterentwicklung - bis hin zur eigenen Haushaltshilfe.[3]

Während demnach spannende Zeiten hinsichtlich der digitalen Innovation vor uns liegen, beschäftigt sich die vorliegende Datenanalyse jedoch eher mit der Vergangenheit. Die erhobenen Daten stammen aus den Jahren 1993 bis 1995. Dabei wurden verschiedene Informationen gesammelt, die die Daten von den privaten Computern technisch beschreiben.

Der Datensatz soll anhand von gängigen, statistischen Methoden ausgewertet werden und eine im weiteren Verlauf genannte Forschungsfrage beschreiben. Der Datensatz ist öffentlich zugänglich wie folgt betitelt: „Prices of Personal Computers".[4]

Für die Analyse wir das Statistikprogramm „R", bzw. „R-Studio" verwendet. Dabei wurde ein großer Wert auf die Nachvollziehbarkeit der Vorgehensweise gelegt, weshalb alle verwendeten Befehle entsprechend begefügt sind. Diese

---

[1] Vgl. Kilb, 2014.
[2] Vgl. Dösser, 2002.
[3] Vgl. König, 2009.
[4] Vgl. Stengos & Zacharias, 2005.

finden sich im weiteren Verlauf jeweil vor der Darstellung einer Grafik oder einer unternommenen Berechnung in den dafür angelegten Kästen.

Bevor die Analyse stattfindet, soll jedoch der Datensatz im nachfolgenden Kapitel vorgestellt werden und eine ensprechende Forschungsfrage formuliert werden. Ziel der Analyse ist es, die im späteren Verlauf formulierten Hypothesen zu testen und anhand dessen eine statistische Aussage zur Forschungsfrage tätigen zu können sowie einen Zukunftsausblick zu ermöglichen, der anhand von heutigen Informationen direkt vergleichen werden kann.

2. Datensatz

Der verwendete Datensatz beinhaltet eine Reihe an Informationen, die im ersten Schritt erklärt werden sollen.

Insgesamt umfasst der Datensatz 6.259 Zeilen, die in elf verschiedenen Variablen unterteilt werden. Die im Anschluss dargestellte Tabelle gibt Auschluss über deren Inhalt:

Tabelle 1: Erläuterung der Variablen

Variable	Erklärung
price	Die Variable stellt die Anschaffungskosten des Computers dar.
speed	Bezeichnet die Taktgeschwindigkeit des Prozessors
hd	Stellt die Festplattengröße in MB dar.
ram	RAM ist der Arbeitsspeicher in MB.
screen	Bildschirmgröße in inch.
cd	Liegt ein CD-Laufwerk vor?
multi	Ist eine Soundkarte enthalten?
premium	Ist der Computer von einem Premiumhersteller?
ads	Preislisten pro Monat (beinhaltet fehlende Werte)
trend	Monatliche Entwicklung des Betrachtungszeitraums

Die vorliegenden Variablen beinhalten Informationen, die die Höhe des Verkaufspreises eines privaten Computern eventuell beeinflussen. Aufgrund dessen soll folgende Forschungsfrage beantwortet werden:

Welche Faktoren haben einen signifikanten Einfluss auf die Preisgestaltung von privaten Computern, zwischen 1993 und 1995 und welche theoretische Entwicklung sollte daraus für die heutige Zeit resultieren?

Um den Datensatz analysieren zu können, muss dieser zunächst ins Programm eingelesen und die für die Anwendung wichtigen Pakete installiert werden. Dafür wurde in „R-Studio" wie folgt vorgegangen:

```
>read.csv(file="C:/User/Desktop/Neuer_Ordner/Computers.
csv", head = TRUE, sep=",")

> install.packages("ggplot2")

> install.packages("ecdat")

> install.packages("tidyverse")

> install.packages("mosaic")

> install.packages("dplyr")

> install.packages("reshape2")
```

Die ersten vier genannten Variablen sind numerisch und somit gut zu analysieren. Die Variablen, die in Tabelle 1 mit einer Frage beschrieben wurden, sind nur anhand von ja oder nein Antworten vorhanden und somit faktorisch. Es können hier lediglich Histogramme erstellt werden, die die visuelle Darstellung zwar optisch schön gestalten, inhaltlich aber wenig Informationen zur Durchführung beispielsweise einer Regression bereitstellen. Daher wird auf die weitere Bearbeitung der Variablen verzichtet.

Auch „ads" liefern zwar numerische Werte, allerdings liegen in dieser Variable nicht alle Daten vor. Durch die Vollständigkeit der einzelnen Preise, kann aus diesem Grund ebenfalls auf die nähere Betrachtung der Preislisten verzichtet werden. Die monatliche Entwicklung der Preise sind zwar wieder numerisch erfasst, jedoch führt die Ausführung dieser Variable nicht zur Beantwortung der Forschungsfrage, weshalb auch diese nicht näher betrachtet wird. Somit beschränkt sich die weitere Analyse auf die folgenden Variablen: price, speed, hd, ram und screen. Da die restlichen Variablen für die weitere Analyse irrelevant sind, werden diese durch den folgenden Befehl entfernt:

```
> Computers$cd=NULL

> Computers$multi=NULL

> Computers$premium=NULL

> Computers$ads=NULL

> Computers$trend=NULL
```

Im nächsten Schritt werden die Variablen zunächst visualisiert, indem die Verteilungen anhand passender Grafiken dargestellt werden. Dabei werden auch wesentliche statistische Kennzahlen und Häufigkeiten deskriptiv ermittelt und beschrieben.

2.1 Deskriptive Statistik

Da sich die Forschungsfrage vor allem mit der Preigestaltung der privaten Computer beschäftigt, wird diese Variable als erstes analysiert. Um die Verteilung deskripiv beurteilen zu können, wird ein Histogramm als Darstellungsform gewählt.

Zur Visualisierung der Preisverteilung wird folgender Code verwendet:

```
> hist(price, 100,main = "Verteilung nach Preis", ylab
= "Anzahl der Computer nach Preis", xlab ="Preis in $",
col=rainbow(4, start = 0.3, end = 0.39))
```

Durch die Verwendung des Befehls generiert „R-Studio" die anschließende Grafik:

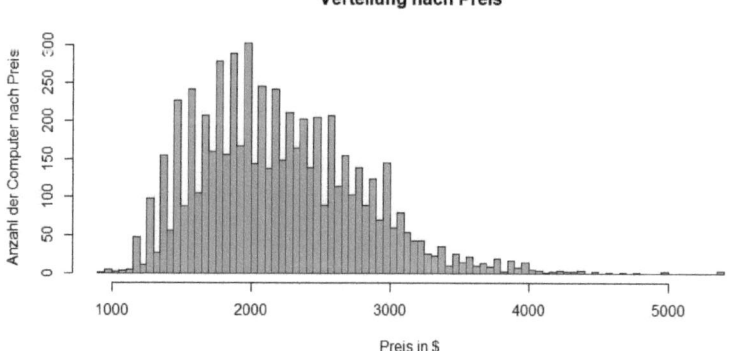

Verteilung nach Preis

Abbildung 1: Verteilung nach Preis

Das Histogramm zeigt eine linsschiefe Verteilung. Es gibt somit wesentlich mehr Computer im unteren Preissegment, als in der hochpreisigen Kategorie. Es lassen sich jedoch zudem starke Schwankungen erkennen. Um dies genauer zu analysieren, werden zusätzlich Kennzahlen ermittelt. Diese werden in R-Studio folgendermaßen berechnet:

```
> summary(price)

> sd(price)
```

Die Tabelle zeigt die daraus resultierenden Ergebnisse:

Tabelle 2:

Statistische Kennzahlen der Preisverteilung

Min.	1st Quan.	Median	Mean	3rd Quan.	Max	Standabw.
949	1794	2144	2220	2595	5399	580.80

Es ist eine große Spannweite von 4450$ feststellen. Dagegen ist die Standardabweichung von 580.80$ eher als gering zu betrachten. Die größere Abweichung vom dritten Quantil zum Maximum (wie vergleichsweise zwischen dem Minumum und dem ersten Quantil) zeigt die starken Ausreißer in höhere Preiskategorien. Verglichen mit dem arithmetischen Mittel ist der Median kleiner, was ebenfalls für die Annahme der linksschiefen Verteilung spricht.

Da es jedoch noch weitere Variablen gibt, sollen auch diese summarisch beschrieben werden. Für die Analyse der weiteren Faktoren, sind vor allem Boxplots geeignet. Diese zeigen in Verbindung des Preises wesentliche Unterschiede nach jeweiliger Austattung.

Die Prozessorgeschwindigkeit ist wie folgt zu visualisieren:

```
>    boxplot(price~speed,    ylab="PC-Preis    in    $",
xlab="Prozessorgeschwindigkeit    in    MHz",    main    =
"Boxplot",  col="olivedrab1")
```

Boxplot

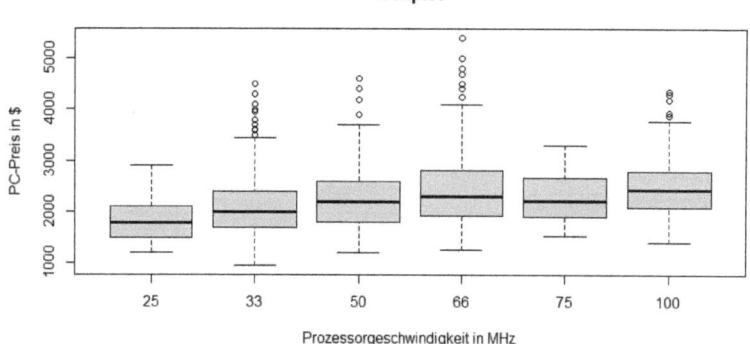

Abbildung 2: Boxplots der Prozessorgeschwindigkeit

Die Boxplots zeigen die Preise der Computer nach der Geschwindigkeit der Prozessoren. Dabei ist auffällig, dass die Mittelwerte nahezu konstant ansteigen, wenn auch nur in einem geringen Maße. Des Weiteren sind lediglich höherpreisige Ausreißer zu erkennen. Die meisten liegen dabei zwischen 33 und 66 Mhz. Die geringste Spannweite besteht bei den 75 MHz Prozessoren.

Auf die weitere Ermittlung der statistischen Kennzahlen wird in diesem Fall verzichtet, da die verschiedenen Prozessoren insgesamt überschaubar sind. Auf den Einfluss der Geschwindigkeit wird zudem im Rahmen der Hypothesen nochmal tiefgründiger eingegangen.

Die nächste Variable ist die Festplattengröße. Auch die Verteilung lässt sich (ebenfalls bezogen auf den Preis) in verschiedenen Boxplots darstellen:

```
> boxplot(price~hd,outline=TRUE, main = "Boxplot", ylab
= "PC-Preis in $", xlab ="Festplattengröße in MB",
col="lightcyan1")
```

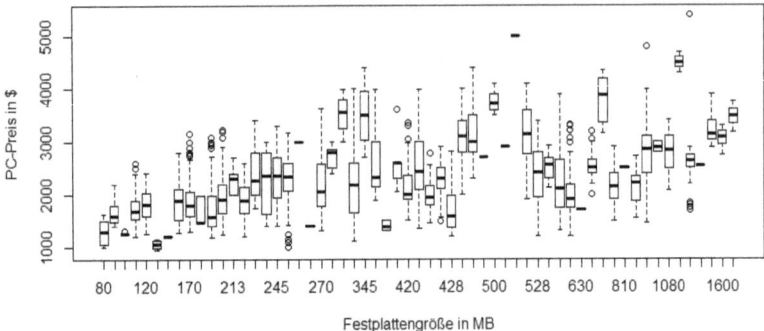

Abbildung 3: Boxplots der Festplattengröße

Bei der Festplattengröße lassen sich die Preise nur schwer kategorisieren. Die Gestaltung wirkt eher zufällig. Dies betrifft objektiv sowohl die Spannweiten der Preise nach der Größe der Festplatten, wie auch die individuellen Ausreißer. Für die weitere Analyse kann daher davon ausgegangen werden, dass die Größe der Festplatte eine untergeordnete Rolle der Preisgestaltung einnimmt.

Generell ist die Variation der Festplattengrößen seh groß, was die nachfolgenden Kennzahlen bestätigen:

```
> summary(hd)
> sd(hd)
```

Tabelle 3:

Statistische Kennzahlen der Verteilung nach Festplattengröße:

Min.	1st Quan.	Median	Mean	3rd Quan.	Max	Standabw.
80	214	340	416.6	528	2100	258.55

Die Standardabweichung zeigt starke Unterschiede der Größen bezüglich der Festplatten. Der Median und der Mittelwert liegen zudem ebenfalls weit auseinander, was in Summe für die Vielfalt an divergierenden Festplattengrößen spricht.

Optisch konnte im Rahmen der Festplattengröße kein Trend erkannt werden. In dem Rahmen soll überprüft werden, ob dies bezüglch der Arbeitsspeichers anders ausfällt. Auch hierfür werden, um einen Vergleich zu ermöglichen, entsprechende Boxplots erstellt:

```
> boxplot(price~ram,outline=TRUE,border="black", main =
"Boxplot",    ylab    =    "PC-Preis    in    $",    xlab
="Arbeitsspeicher in RAM", col="aliceblue")
```

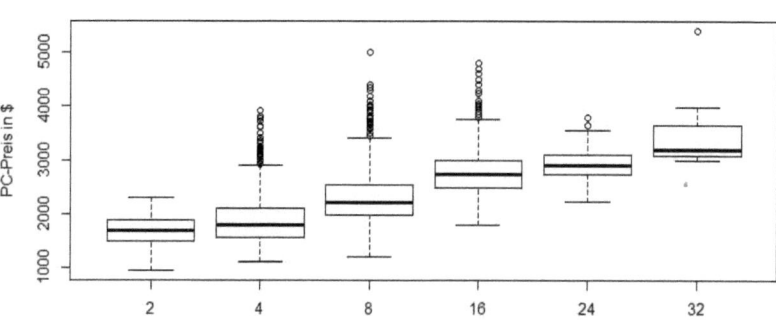

Abbildung 4: Boxplot für die Preisunterschiede nach RAM

Dieser Kategorie ist ein klarer Trend zuzuordnen. Die Größe des Arbeitsspeichers scheint einen optisch großen Einfluss auf die Preisgestaltung zu haben. Dabei sind die Preissprünge größer, desto größer der Arbeitsspeicher wird. Auffällig ist zudem, dass die meisten Ausreißer in den RAM-Größen vier bis acht auftreten. Auch hier gibt es keine Ausreißer in Niedrigpreissegmente. Das arithmetische Mittel ist bei dem Größten Arbeitsspeicher stark in Richtung des minimums angesiedelt, wodurch davon auszugehen ist, dass es eine große Abweichung zum Median der Kategorie vorliegt. Es wird auf eine weitere Darstellung der statistischen Kennwerte im Rahmen der Häufigkeitsverteilung verzichtet, da der Einflussfaktor im weiteren Verlauf ohnehin näher untersucht wird.

Die letzte berücksichtigte Variable stellt die Bildschirmgröße dar. Um die deskriptive Analyse abzurunden, werden auch hierfür entsprechende Boxplots erstellt:

```
>boxplot(price~screen,outline=TRUE,range=1.5
,notch=TRUE,border="black", main = "Boxplot", ylab =
"PC-Preis in $", xlab ="Bildschirmgröße in inch",
col="darkslategray1")
```

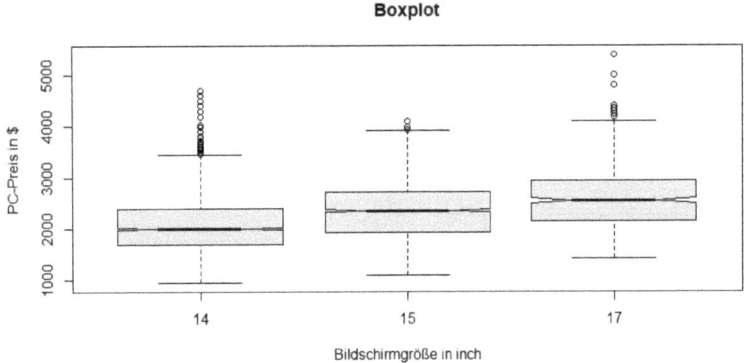

Abbildung 5: Boxplots der Bildschirmgröße

Auch hier lässt sich, ähnlich wie bei der Geschwindigkeit der Prozessoren und der Größe des Arbeitsspeichers, ein Trend erkennen. Die arithmetischen Mittel steigen mit der Größe des Bildschirms an. Dies gilt ebenso für die Minimalpreise je Bildschirm. Ausnahmen hierfür bilden die Ausreißer, die vor allem in der kleinsten Bildschirmgröße (14 inch) in Richtung höhere Preiskategorien angesiedelt sind.

Dadurch, dass es nur drei verschiedene Größen gibt, wird hier ebenfalls auf die Berechnung der weiteren Kennzahlen verzichtet.

Um die Forschungsfrage beantworten zu können, müssten theoretisch alle Faktoren überprüft werden. Da dies jedoch den Rahmen der Seminararbeit sprengen würde, werden im folgenden lediglich zwei Einflussgrößen näher betrachtet.

2.2 Hypothesen

Für die weitere Analyse sind zwei Hypothesentests vorgesehen, um einen statistischen Zusammenhang festzustellen oder zu verwerfen. Dafür werden zunächst die folgenden gerichteten Hypothesen formuliert:

Hypothese 1: Es gibt eine geringe positive Korrelation zwischen der Prozessorgeschwindigkeit und der Höhe des Computerpreises.

Hypothese 2: Desto größer der Arbeitsspeicher, desto größer auch der Preis des Computers.

Dabei wird eine Normalverteilung der Preise unterstellt, die im letzten Schritt anhand der Resiudenverteilung ebenfalls überprüft wird. Die Normalverteilung wurde zwar visuell bereits angezweifelt, bislang aber noch nicht statistisch verworfen. Die genaue Vorgehensweise wird im nächsten Kapitel erläutert.

3. Hypothesentests

Ziel der Hypothesentest ist es die gegenteilige Hypothese H0 zu verwerfen. Diese behauptet bei H1, dass keine positive Korrelation zwischen der speed und prive besteht. Bei der zweiten Hypothese behauptet H0, dass es wiederum keine Korrelation zwischen dem Arbeitsspeicher und dem Computerpreis gibt.

Für die Hypothesentests sind jeweils Regressionsanalysen vorgesehen. Die Ermittlung erfolgt hierbei durch die Methode der kleinsten Quadrate. Dafür wird für beide Hypothesen folgende Formel herangezogen:

$$\hat{Y} = \beta_0 + \beta_1 x_i + \varepsilon$$

3.1 H1 - Hypothese

Hierfür wird zunächst H1 betrachtet. Die jeweils wichtigen Variablen sind im Datensatz mit speed und price beziffert, aus denen die entsprechenden Koeffizienten der Formel ermittelt werden:

```
>x1 <- speed
>y <- price
>H1 <- lm(y~x1)
>lm(formula=y~x1)
```

```
coefficients:
(Intercept)        speed
   1789.854        8.262
```

Abbildung 6: Koeffizienten der Regression H1

Die ermittelten Werte können in die Formel wie folgt eingesetzt werden:

Preistrend nach Prozessorgeschwindigkeit $= 1789,85 + 8,262x + \varepsilon$

Anhand dessen kann die Abweichung der kleinsten quadrate durch „R-Studio" numerisch ermittelt werden. Dies erfolgt durch den folgenden Befehl:

```
>fitted.values(H1)
>residuals(H1)
```

Durch die große Masse an Daten ist eine Illustration der Ergebnisse sehr unübersichtlich, weshalb hierauf verzichtet wird. Dahingegen ist eine visuelle

Darstellung der linearen Einfachregression deutlich wertvoller. Dies erfolgt anhand des folgenden Befehls:

```
>plot(speed, price, xlim = c(15,110), ylim = c(900,
5500),                                col="dodgerblue1",
xlab="Prozessorgeschwindigkeit in MHz", ylab="PC-Preis
in $", main="Korrelationsanalyse H1")
>abline(H1, col="red")
```

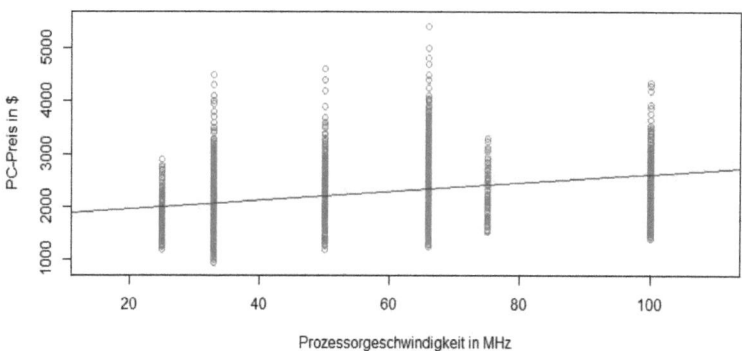

Abbildung 7: Korrelationsanalyse H1

Durch die Darstellung der Korrelation lässt sich ein ansteigender Trend erkennen. Dies spricht rein optisch für eine Korrelation zwischen der Prozessorgeschwindigkeit und des Preises des Computers. Um die H0 Hypothese jedoch verwerfen zu können, muss der p-Wert jedoch zunächst ermittelt werden. Üblicherweise wird $\alpha = .05$ als Fehlerwert definiert. Um zu ermitteln, ob der p-Wert kleiner als der definierte Fehlerwert ist, wird dieser anhand des folgenden Befehls berechnet:

```
>summary(H1, data = Computers)
```

```
call:
lm(formula = y ~ x1)

Residuals:
    Min      1Q  Median      3Q     Max
-1221.1  -417.5   -67.5   358.8  3063.8

Coefficients:
             Estimate Std. Error t value Pr(>|t|)
(Intercept) 1789.8539    18.5824   96.32   <2e-16 ***
x1             8.2621     0.3309   24.96   <2e-16 ***
---
Signif. codes:  0 '***' 0.001 '**' 0.01 '*' 0.05 '.' 0.1 ' ' 1

Residual standard error: 553.9 on 6257 degrees of freedom
Multiple R-squared:  0.09059,   Adjusted R-squared:  0.09044
F-statistic: 623.3 on 1 and 6257 DF,  p-value: < 2.2e-16
```

Abbildung 8: Ermittlung des p-Wertes (H1)

Der ermittelte p-Wert ist deutlich kleiner als das definierte Alpha. Damit kann die Nullhypothese verworfen werden. Um die Stärke der Korrelation abschließend festzustellen, wird der Korrelationskoeffizient berechnet:

```
>cor.test(price~speed)
```

Das Ergebnis von r = .30 bestätigt eine mittlere positive Korrelation zwischen der Prozessorgeschwindigkeit und dem Preis des Computers, wodurch die Hypothese H1 beibehalten werden kann.

Durch die Regressionsanalyse kann eine Modellierung erfolgen, wodurch der zukünftige Trend berechnet werden kann. Dies wird im Anschluss an den zweiten Hypothesenthest durchgeführt.

3.2 H2 - Hypothese

Da hierbei ebenfalls eine Korrelationsanalyse vorgesehen wird, erfolgen dieselben Schritte, die bereits in H1 durchgeführt wurden. Daher werden auch in diesem Fall zunächst die wesentlichen Variablen definiert, um die Koeffizienten der Formel zu ermitteln. Dafür muss der y-Wert nicht neu definiert werden, da hierbei ebenfalls der Preis die y-Achse darstellt:

```
>x2 <- speed

>H2 <- lm(y~x2)

>lm(formula=y~x2)
```

```
coefficients:
(Intercept)          ram
   1687.29          64.23
```

Abbildung 9: Koeffizienten der Regression H2

Durch die Berechnung der Koeffizienten kann die Formel für die Regressionsanalyse von H2 ebenfalls erfolgen:

Preistrend nach Größe des Arbeitsspeichers $= 1678{,}29 + 64{,}23x + \varepsilon$

Anhand des deutlich größeren Wertes für β_1 ist auch von einer größeren Steigerung auszugehen. Exemplarisch sollen hierfür ein Teil der Werteveränderung des Preises anhand der Größe des Arbeitsspeichers dargestellt werden:

```
>fitted.values(H2)
```

```
> fitted.values(H2)
         1         2         3         4         5         6         7         8         9
 1944.219 1815.756 1944.219 2201.146 2714.999 2714.999 1944.219 1815.756 2201.146
        10        11        12        13        14        15        16        17        18
 1944.219 2201.146 2201.146 1944.219 2201.146 2201.146 1944.219 1815.756 1944.219
        19        20        21        22        23        24        25        26        27
 1944.219 2201.146 1944.219 1944.219 2714.999 1944.219 2201.146 1815.756 1944.219
        28        29        30        31        32        33        34        35        36
 2201.146 2714.999 2201.146 1944.219 1944.219 2201.146 1944.219 1944.219 1944.219
        37        38        39        40        41        42        43        44        45
 2201.146 2201.146 2201.146 2201.146 2201.146 2201.146 2201.146 2201.146 2714.999
        46        47        48        49        50        51        52        53        54
 2201.146 1944.219 1944.219 1944.219 1944.219 1944.219 1944.219 2201.146 1944.219
        55        56        57        58        59        60        61        62        63
 2201.146 1944.219 1944.219 1944.219 2201.146 1944.219 2201.146 1944.219 2201.146
        64        65        66        67        68        69        70        71        72
 1944.219 1815.756 1944.219 1944.219 1944.219 1944.219 2201.146 2201.146 1944.219
```

Abbildung 10: Werteveränderung des Preises anhand der Größe des Arbeitsspeichers

Um auch für H2 die Regressionsanalyse anhand der Ermittlung der kleinsten Quadrate durchzuführen, wird hierbei ebenfalls die Residuenverteilung errechnet:

```
>residuals(H2)
```

```
> residuals(H2)
           1            2            3            4            5            6
-445.2190434  -20.7557901 -349.2190434 -352.1455502  580.0014364  980.0014364
           7            8            9           10           11           12
-224.2190434  179.2442099   23.8544498  630.7809566   -6.1455502  403.8544498
          13           14           15           16           17           18
 100.7809566   93.8544498  497.8544498  280.7809566 -220.7557901  380.7809566
          19           20           21           22           23           24
 150.7809566 2193.8544498 -249.2190434  850.7809566  180.0014364  930.7809566
          25           26           27           28           29           30
1993.8544498 -525.7557901   30.7809566 1793.8544498  380.0014364 1042.8544498
          31           32           33           34           35           36
 -24.2190434   50.7809566  393.8544498  530.7809566   54.7809566  730.7809566
          37           38           39           40           41           42
 123.8544498 1593.8544498  203.8544498  223.8544498  693.8544498 1693.8544498
          43           44           45           46           47           48
 297.8544498   53.8544498  780.0014364  493.8544498  250.7809566 -195.2190434
          49           50           51           52           53           54
 454.7809566   50.7809566  554.7809566  450.7809566  793.8544498  245.7809566
          55           56           57           58           59           60
  -2.1455502  180.7809566  100.7809566 1130.7809566  743.8544498    0.7809566
          61           62           63           64           65           66
1788.8544498 -149.2190434  293.8544498  275.7809566  379.2442099 -449.2190434
          67           68           69           70           71           72
 380.7809566 -445.2190434  254.7809566  893.8544498 1818.8544498  780.7809566
```

Abbildung 11: Ermittlung der kleinsten Quadrate anhand der Residuenabweichung (H2)

Um die Regression der zweiten Hypothese ebenfalls darzustellen, wir nachfolgender Code verwendet:

```
>qplot(x=ram,    y=price,    data    =    pc,    xlab
="Arbeitsspeicher in MB", ylab = "PC-Preis in $", main
= "Korrelationsanalyse H2") + geom_smooth(method="lm")
```

Korrelationsanalyse H2

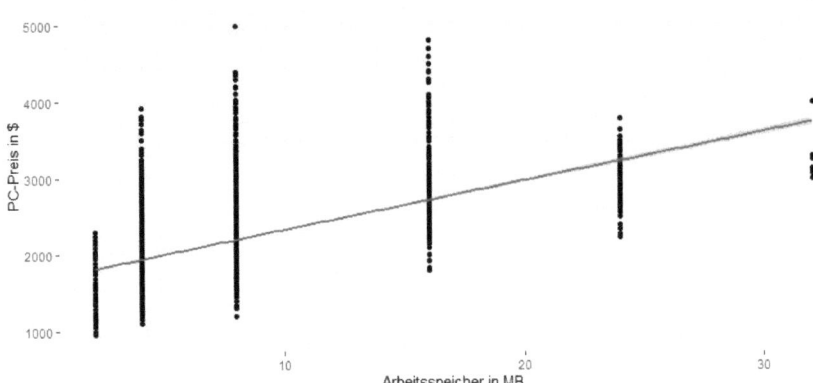

Abbildung 12: Korrelationsanalyse H2

Hier lässt sich, vergleichsweise zur H1-Hypothese ein noch deutlicherer Trend erkennen. Desto größer der Arbeitsspeicher ist, desto teurer ist der Computer im privaten Gebrauch zwischen 1993 und 1995. Dies würde die Forschungsfrage theoretisch bereits bestätigen, allerdings reicht eine visuelle Analyse hierfür nicht aus. Aus diesem Grund wird auch für H2 dier p-Wert berechnet:

```
>summary(H2, data = Computers)

call:
lm(formula = y ~ x2)

Residuals:
    Min      1Q  Median      3Q     Max
-1006.15 -320.76  -58.15  242.85 2797.85

coefficients:
            Estimate Std. Error t value Pr(>|t|)
(Intercept) 1687.29      10.22  165.07   <2e-16 ***
x2            64.23       1.02   62.96   <2e-16 ***
---
signif. codes:  0 '***' 0.001 '**' 0.01 '*' 0.05 '.' 0.1 ' ' 1

Residual standard error: 454.5 on 6257 degrees of freedom
Multiple R-squared:  0.3878,     Adjusted R-squared:  0.3877
F-statistic:  3964 on 1 and 6257 DF,  p-value: < 2.2e-16
```

Abbildung 13: Abbildung 8: Ermittlung des p-Wertes (H2)

Auch hier ist der p-Wert deutlich kleiner als der definierte Fehlerwert. Somit kann die Nullhypothese auch bezüglich H2 verworfen werden. Um die Stärke der Korrelation anzugeben, muss ebenfalls der Korrelationskoeffizient errechnet werden:

```
>cor.test(price~speed)
```

Mit einem Wert von r = .62 ist eine hohe Korrelation zwischen der Größe des Arbeitsspeichers und der Preisgestaltung festzustellen, womit auch H2 beibehalten werden kann.

Bevor anhand einer Modellierung eine Prognose erstellt werden kann, soll im nächsten Schritt die Annahme der Normalverteilung der Preisgestaltung überprüft werden.

3.3 Prüfung der Annahme der Normalverteilung

Die Prüfung erfolgt anhand der Residuenverteilung. Dabei soll die Abweichung untersucht werden, die anhand des eingangs beschriebenen Histogramms voraussichtlich linksschiefverteilt ist. Dafür wird folgende Grafik herangezogen:

```
>qqnorm(price, main = "Residuenverteilung", ylab = "PC-
Preis in $", xlab = "Theoretische Quantile", col =
"blue4")

>qqline(price, col="darkorange")
```

Residuenverteilung

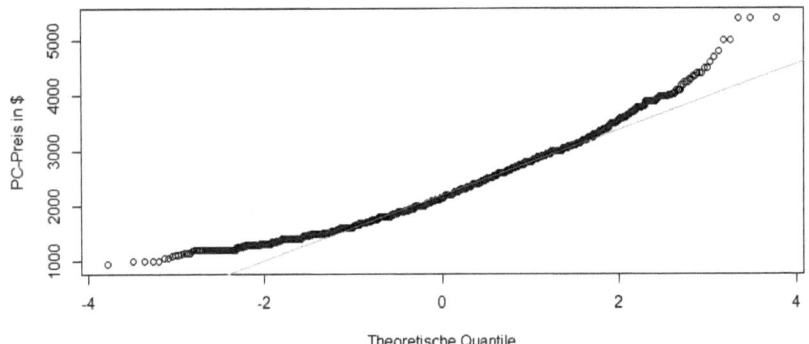

Abbildung 14: Residuenverteilung des Preises

Die Residuen fallen in den unteren Quantilen schneller, als im oberen Bereich der Grafik. Dies wird durch die Dichte der Punkte verdeutlicht, die im oberen Abschnitt schneller sinkt. Dadurch kann die Annahme der Normalverteilung in diesem Fall nicht beibehalten werden.

4. Modellierung – Prognose des Preises anhand heutiger Größen

Zunächst wird der heutige Preis prognostiziert, indem die Formel zur Regression der ersten Hypothese um den Faktor der Steugerung ergänz wird. Da sich die erste Hyothese mit der Prozessorgeschwindigkeit beschäftigt, wird für x der Faktor ergänzt, um den die Prozessorgeschwindigkeit heutzutage gestiegen ist.

Im Durchschnitt liegt die Prozessorgeschwindigkeit bei ca. 3 GHz.[5] Dies entspricht 3.000 MHz. Damit ist die durchschnittliche Prozessorgeschwindigkeit um ca. 5768,12% größer als noch vor 25 Jahren. Somit wird der Faktor x in der Formel mit 57,6812 ersetzt:

$$Preistrend\ nach\ Prozessorgeschwindigkeit = 1789.85 + 8{,}262 * 57{,}6812$$

Daraus ergäbe sich (unbeachtet des Fehlerwertes) ein Preis von 2.266,41 $.

Modelliert man auch die zweite Hypothese entsprechen, so wird in diesem Fall der Faktor x mit der Steigerung des Arbeitsspeichers ersetzt. Der durchschnittliche Arbeitsspeicher in der heutigen Zeit beläuft sich auf 8 GB.[6] Das enspricht 8.000 MB. Da der durchschnittliche Arbeitsspeicher zwischen 1993 und 1995 bei 8,29 MB lag, ist eine Modellierung mit dem Faktor 965,02 notwendig. Die Formel stellt sich daher wie folgt dar:

$$Preistrend\ nach\ Größe\ des\ Arbeitsspeichers = 1678{,}29 + 64{,}23 * 965{,}02$$

Dies würde bedeuten, dass ein durchschnittlicher Computer des Privatgebrauchs heutzutage 63.661,52 $ kosten.

Die Preise erscheinen exorbitant hoch, womit die Prognose hinfällig wird. Aus diesem Grund wird auch auf eine grafische Darstellung verzichtet. Die Gründe hierfür sollen im Fazit zusammengefasst werden.

---

[5] Vgl. Leschke, 2019.
[6] Vgl. Hoch, 2017.

5. Fazit

Zusammenfassend kann festgehalten werden, dass die Faktoren Prozessorge-schwindigkeit und Arbeitsspeicher einen signifikanten Einfluss auf die Preisge-staltung der Computer im privaten Gebrauch zwischen 1993 und 1995 haben. Somit kann der erste Teil der Forschungsfrage beantwortet werden.

Hinsichtlich der Modellierung lassen sich jedoch unrealistisch Werte für die heu-tigen Standards erkennen. Dahingehend sind die Prognosen, die aus der Modellie-rung gewonnen wurden, wertlos.

Dies ist mit dem technologischen Fortschritt zu erklären. Der Datensatz beinhaltet lediglich direkt Einflussgrößen in Form der Hardware des Computers. Der techno-logische Fortschritt sowie andere volkswirtschaftlichen Wirkungsketten bleiben hierbei völlig unberührt, weshalb keine genauen Prognosen möglich sind.

Aus diesem Grund kann abschließend festgehalten werden, dass die Analyse der Preisgestaltung für Computer des Privatgebrauchs zwischen 1993 und 1995 zwar statistisch interessant sein mag, sich jedoch keine relevanten Vorhersagen auf heutige Marktverhältnisse ableiten lassen.

Literaturverzeichnis

Dösser, C. (03. Januar 2002). *Zeit Online*. Abgerufen am 18. Februar 2020 von https://www.zeit.de/2002/02/200202_stimmts.xml

Hoch, E. (22. Dezember 2017). *computerbase.de*. Abgerufen am 26. Februar 2020 von Preistrend nach Größe des Arbeitsspeichers=1678,29+64,23x+ε

Kilb, O. (23. März 2014). *oliver-kilb.de*. Von https://www.oliver-kilb.de/wp/2014/03/23/was-kostet-ein-pc-im-jahre-1990-und-was-bekam-man-dafuer-im-verhaeltnis-zu-2014/ abgerufen

König, A. (14. April 2009). *www.cio.de*. Von https://www.cio.de/a/zukunftsschock-wie-der-pc-2019-aussieht,879138 abgerufen

Leschke, I. (28. September 2019). *computerbild.de*. Abgerufen am 26. Februar 2020 von https://www.computerbild.de/artikel/cb-Tests-PC-Hardware-CPU-Test-Benchmark-Prozessor-2019-2537392.html

Stengos, T., & Zacharias, E. (2005). *vincentarelbundock.io*. Von http://vincentarelbundock.github.io/Rdatasets/doc/Ecdat/Computers.html abgerufen